350 ejercicios de
sumas

para 1º de Primaria
I

Proyecto Aristóteles

Copyright © 2014 Proyecto Aristóteles
Todos los derechos reservados.

Quedan prohibidos, dentro de los límites establecidos en la ley y bajo los apercibimientos legalmente previstos, la preproducción total o parcial de esta obra por cualquier medio o procedimiento, ya sea electrónico o mecánico, el tratamiento informático, el alquiler o cualquier otra forma de cesión de la obra sin la autorización previa y por escrito de los titulares del copyright.

ISBN: 1495916928
ISBN-13: 978-1495916922

Para Adrián y Carlos.

CONTENIDOS

Para comenzar i

1 Ejercicios 1

PARA COMENZAR

El blasón del Proyecto Aristóteles es el proverbio *usus, magíster egregius* (la práctica es el mejor maestro). El dominio de cualquier disciplina, incluidas las matemáticas, sólo puede adquirirse a través del ejercicio variado y constante. Éste es el motivo por el cual presentamos nuestra serie especial de ejercicios de sumas para Primero de Primaria. El presente volumen está dedicado a ejercitar el conocimiento de las sumas mediante variados ejercicios de sumas individuales, combinaciones, series, tablas, etc.

Calcula.

4 + 6 =		1 + 8 =
2 + 5 =		3 + 4 =
4 + 2 =		5 + 4 =
3 + 5 =		3 + 2 =
9 + 1 =		1 + 4 =

¿Es verdadera o falsa la respuesta?
Si es falsa escribe el resultado correcto.

					Verdadero	Falso	Respuesta
3	+	5	=	9		X	8
6	+	2	=	7			
4	+	3	=	7			
6	+	8	=	10			
5	+	2	=	9			
7	+	1	=	9			
5	+	11	=	6			

Suma en vertical. Coloca y calcula.

	D	U
+		

	D	U
+		

	D	U
+		

	D	U
+		

16 + 4

23 + 5

11 + 15

18 + 4

Calcula y completa.

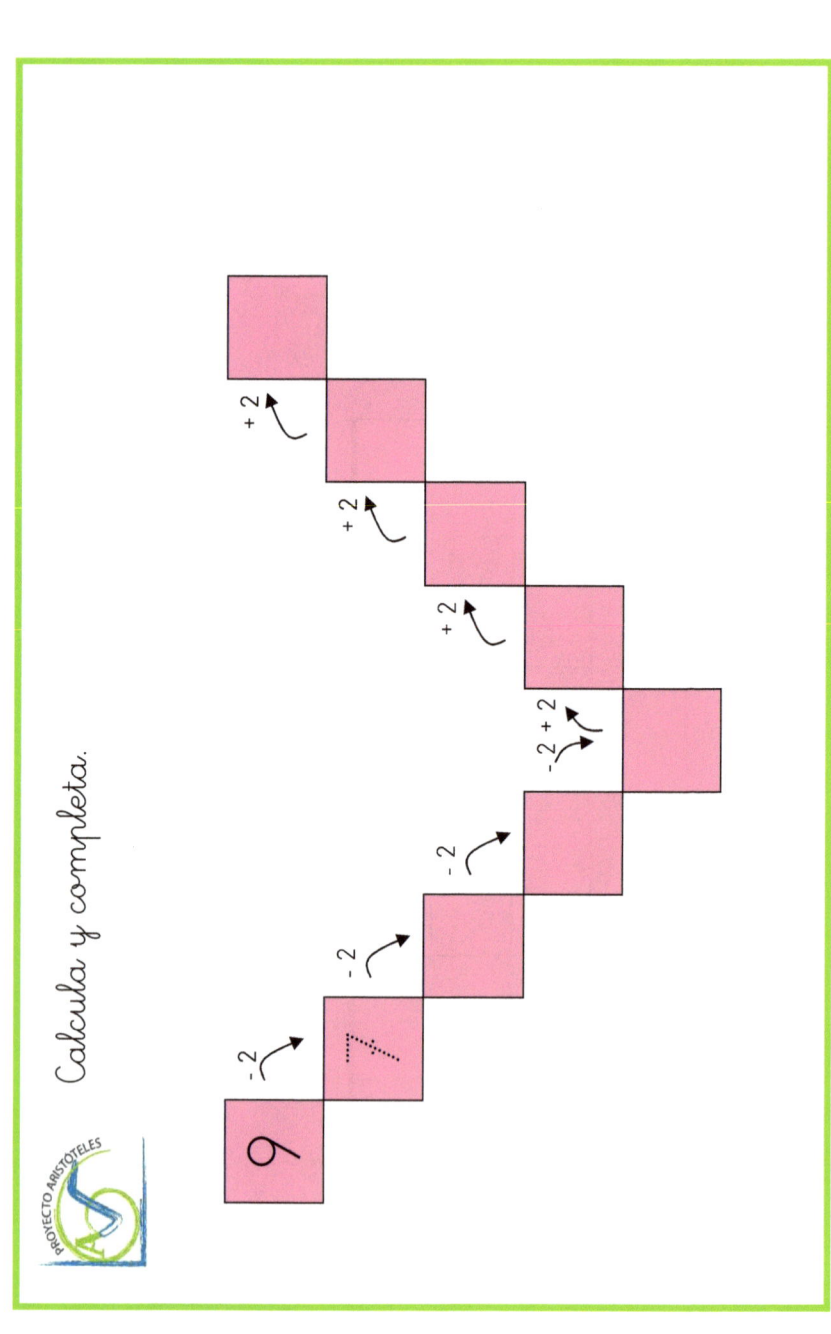

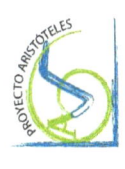

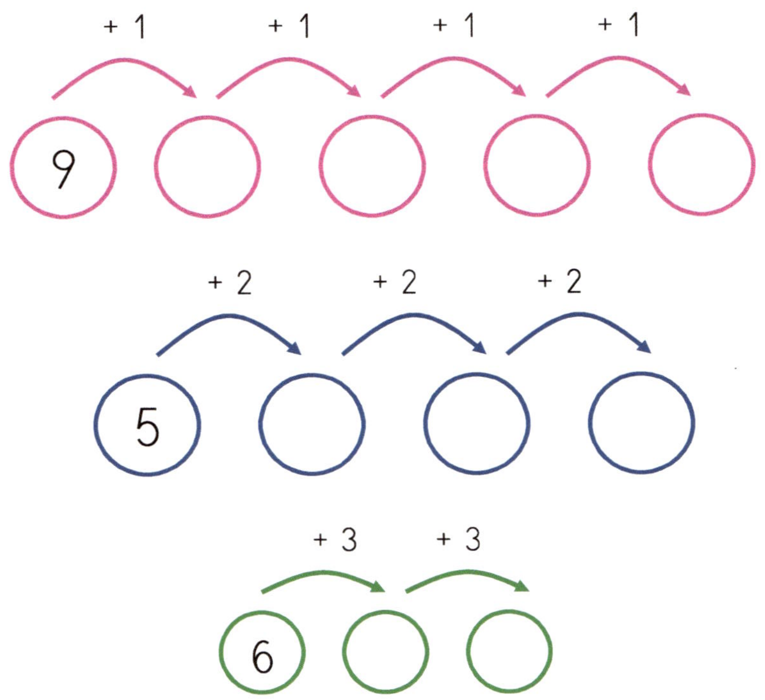

PROYECTO ARISTÓTELES
+ 1
+ 1
+ 1
+ 1
9
+ 2
+ 2
+ 2
5
+ 3
+ 3
6

Calcula.

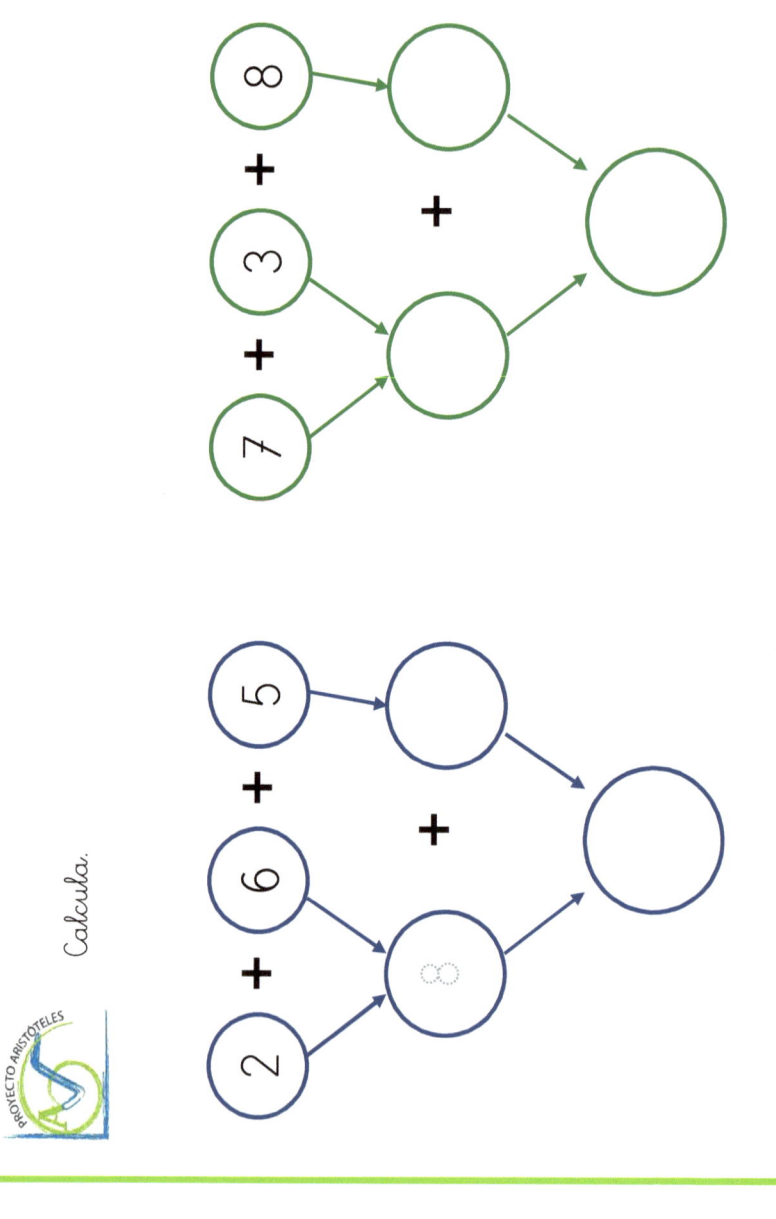

Completa usando los signos

<	menor que
>	mayor que

29 ◯ 24
38 ◯ 47
63 ◯ 29

48 ◯ 19
33 ◯ 46
20 ◯ 25

Completa usando los signos

| | = | < | > |

43 + 25 ◯ 34 + 52

61 + 38 ◯ 23 + 65

35 + 43 ◯ 56 + 33

¿Cómo se escriben los siguientes números?

30	treinta
11	
22	
43	

Calcula.

3 + 3 =

4 + 2 =

4 + 6 =

6 + 2 =

7 + 3 =

8 + 2 =

3 + 4 =

5 + 3 =

2 + 8 =

5 + 4 =

¿Es verdadera o falsa la respuesta?
Si es falsa escribe el resultado correcto.

				Verdadero	Falso	Respuesta
2	+	5	=	9		
8	+	2	=	10		
4	+	5	=	7		
7	+	8	=	9		
5	+	9	=	9		
7	+	1	=	6		
5	+	4	=	7		

Suma en vertical. Coloca y calcula. (39)

	D	U
+		

	D	U
+		

	D	U
+		

	D	U
+		

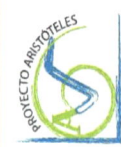

21 + 11

17 + 3

23 + 24

6 + 23

Calcula y completa.

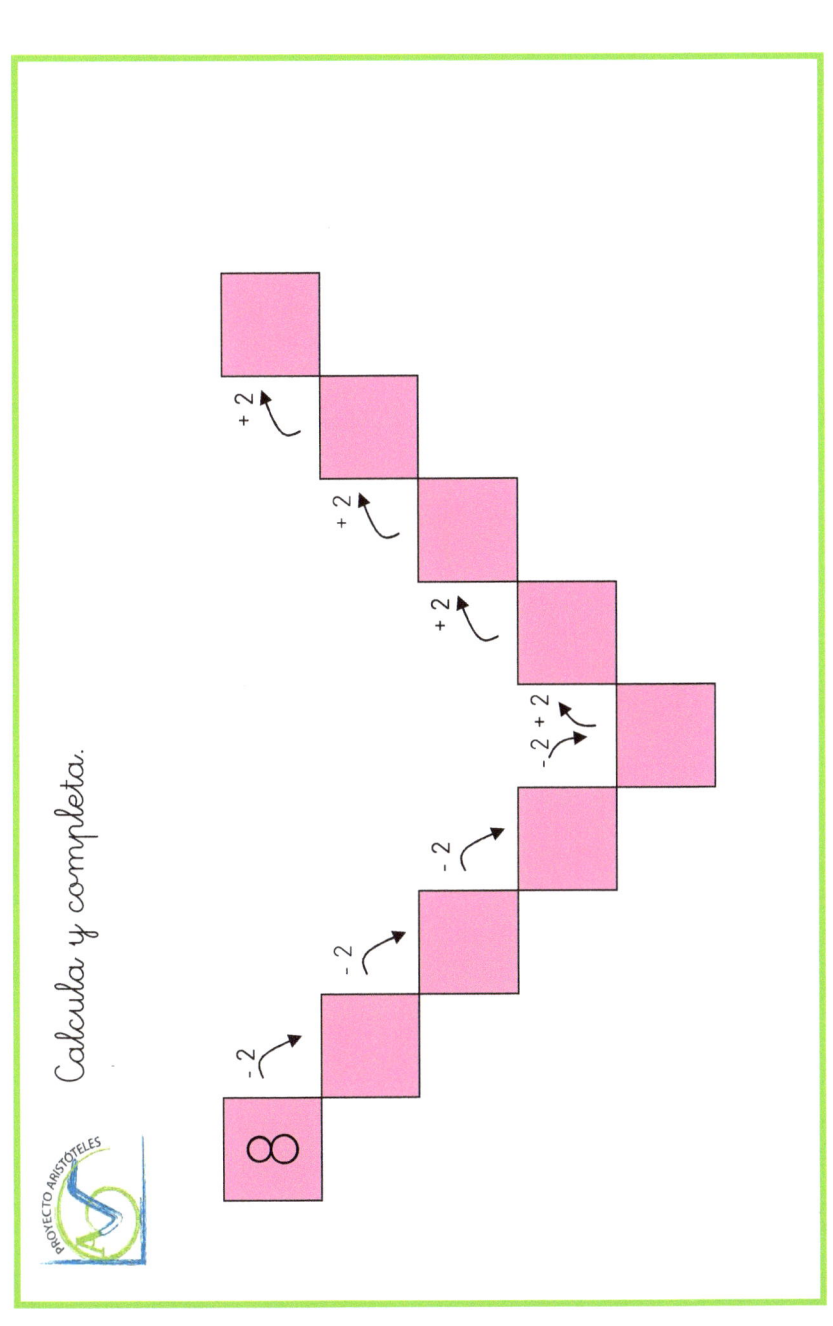

Ordena los siguientes números de mayor a menor.

10 7 4 26 9 23 13 5

Calcula.

3 + 9 + 6

3 + 9 + 5

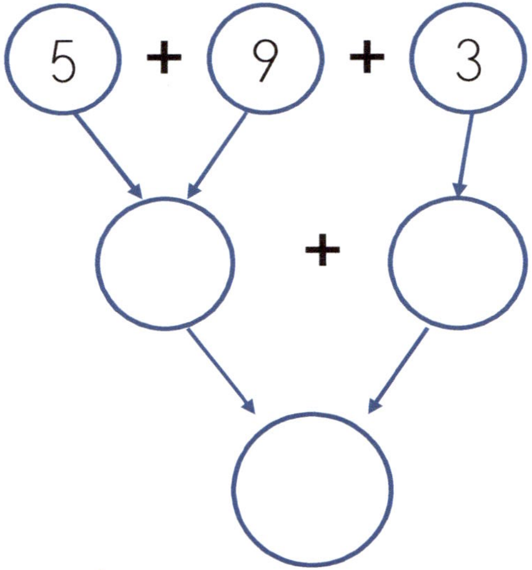

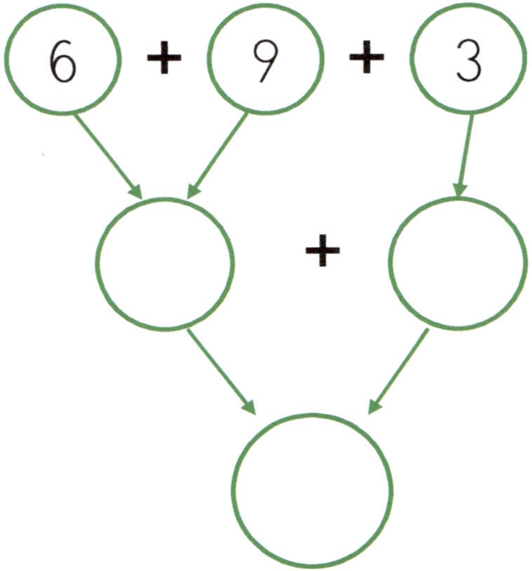

Completa usando los signos

> mayor que
< menor que

34 ◯ 39	14 ◯ 26
50 ◯ 41	24 ◯ 48
49 ◯ 34	35 ◯ 26

Completa usando los signos

[=] [<] [>]

26 + 51 ◯ 64 + 23

43 + 35 ◯ 45 + 30

52 + 28 ◯ 28 + 41

¿Cómo se escriben los siguientes números?

24	
25	
26	
27	

Calcula.

4 + 3 =

5 + 2 =

4 + 4 =

6 + 2 =

4 + 1 =

2 + 3 =

5 + 4 =

6 + 3 =

5 + 2 =

6 + 4 =

¿Es verdadera o falsa la respuesta?
Si es falsa escribe el resultado correcto.

				Verdadero	Falso	Respuesta
2	+	6	=	9		
7	+	8	=	9		
4	+	3	=	7		
1	+	5	=	6		
2	+	10	=	5		
7	+	3	=	9		
7	+	4	=	7		

PROYECTO ARISTÓTELES

Suma en vertical. Coloca y calcula. (39)

	D	U
+		

34 + 23

	D	U
+		

17 + 31

	D	U
+		

13 + 36

	D	U
+		

32 + 6

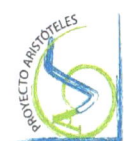

Calcula y completa.

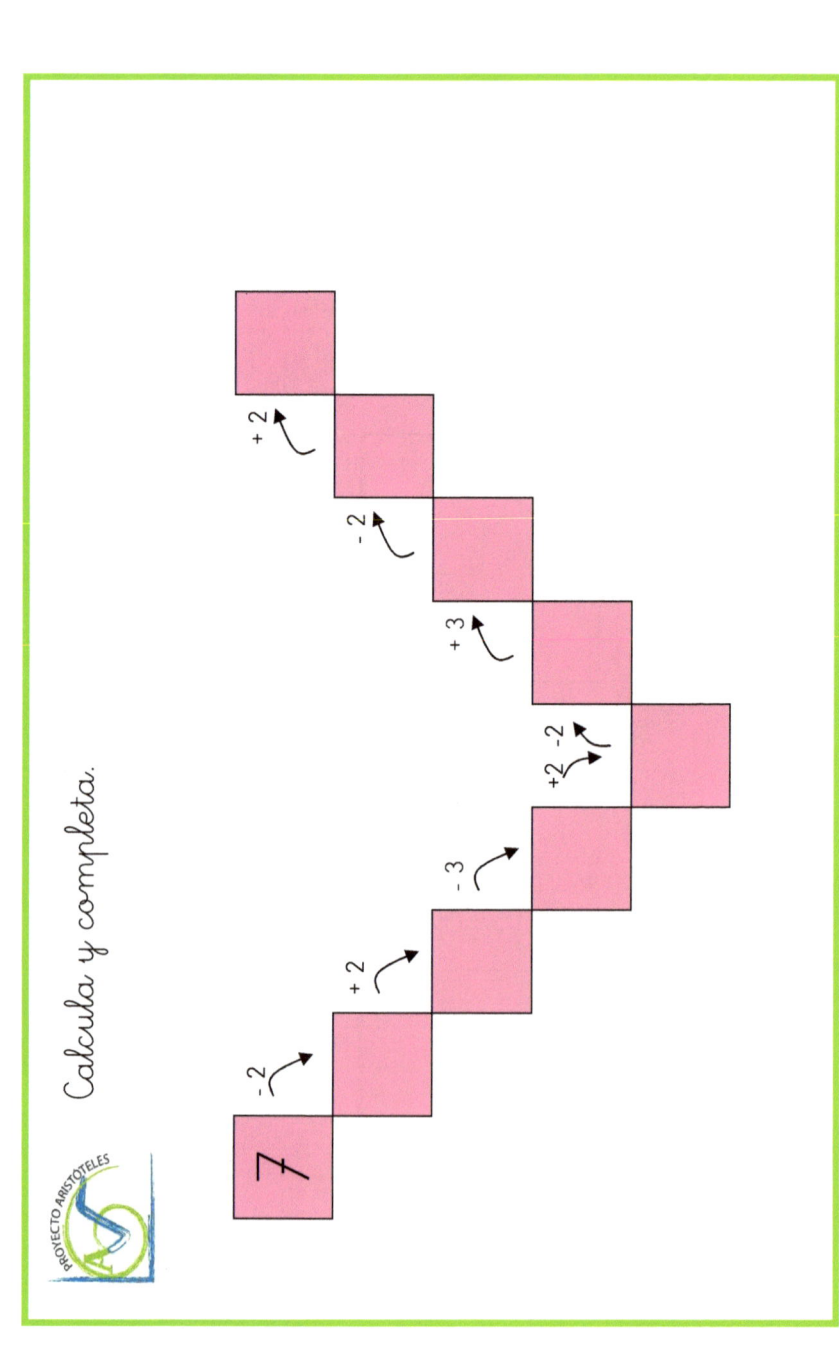

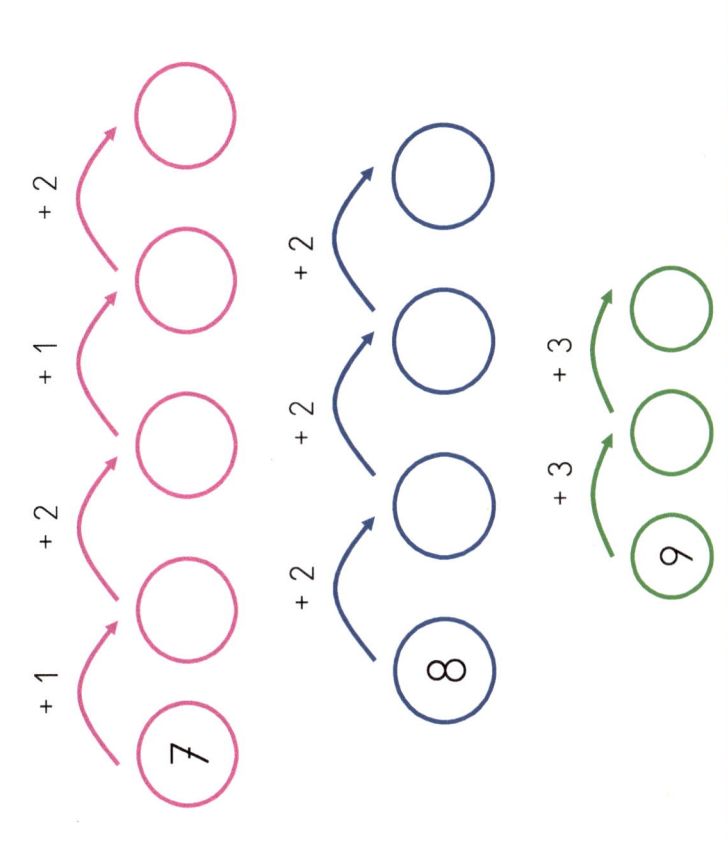

Calcula.

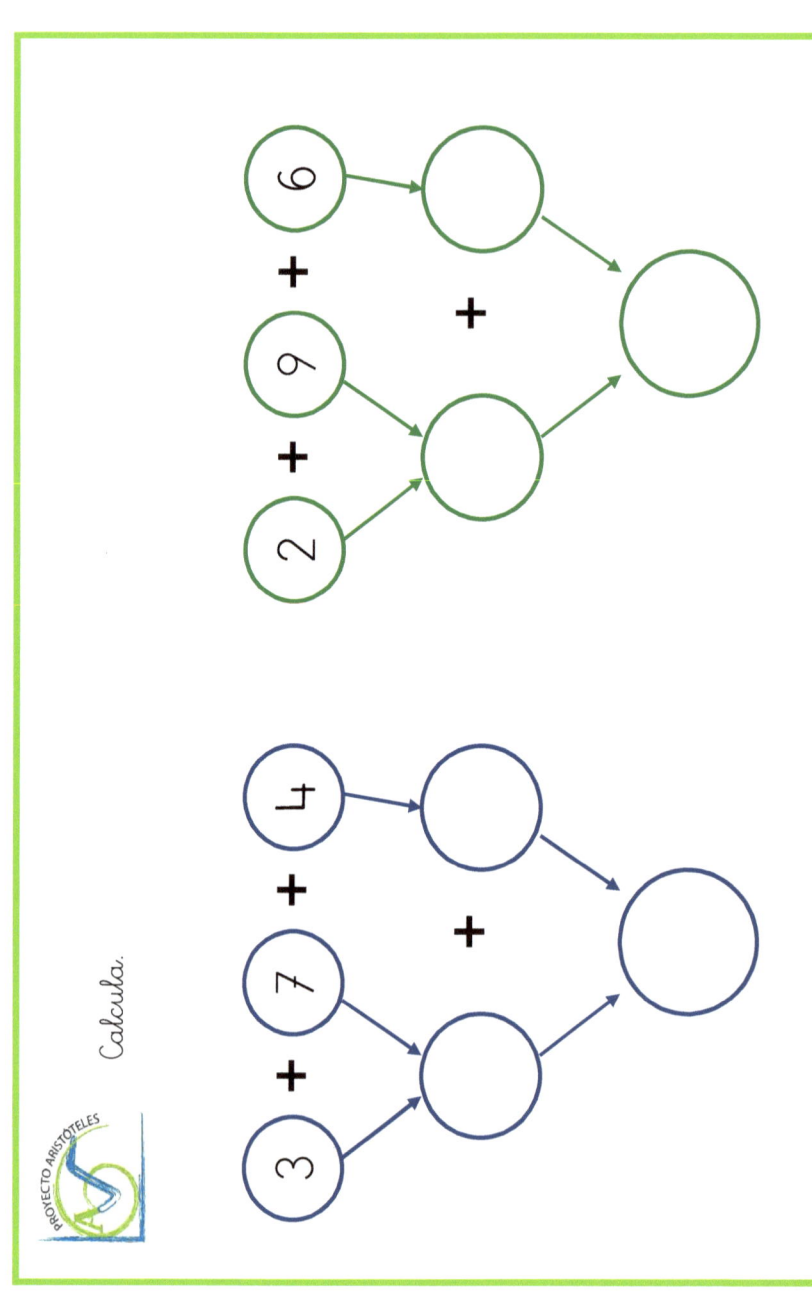

Completa usando los signos

[<] [>]

| 40 | 14 | 51 |
| 11 | 45 | 59 |

| 33 | 39 | 21 |
| 22 | 34 | 46 |

Completa usando los signos

=   <   >

19 + 30 ◯ 45 + 22

36 + 21 ◯ 32 + 56

53 + 43 ◯ 24 + 42

¿Cómo se escriben los siguientes números?

38		
39		
31		
35		

Calcula.

4 + 4 =

6 + 2 =

7 + 1 =

8 + 2 =

6 + 3 =

2 + 3 =

3 + 4 =

7 + 3 =

4 + 2 =

6 + 4 =

¿Es verdadera o falsa la respuesta?
Si es falsa escribe el resultado correcto.

					Verdadero	Falso	Respuesta
3	+	6	=	8			
7	+	4	=	6			
4	+	8	=	7			
2	+	5	=	7			
5	+	4	=	10			
9	+	5	=	6			
5	+	4	=	7			

PROYECTO ARISTÓTELES

Suma en vertical. Coloca y calcula. (39)

	D	U
+		

45 + 21

	D	U
+		

27 + 42

	D	U
+		

35 + 41

	D	U
+		

40 + 18

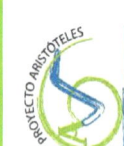

Calcula.

+	1	2	3	4	5	6	7
3	4						
5							
2							
7							
1							
4							
8							

Ordena los siguientes números de mayor a menor.

29 8 2 15 3 23 12 6

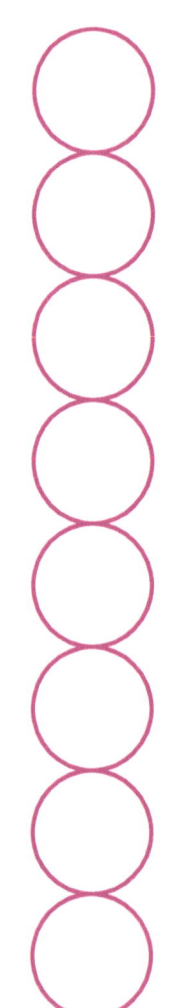

Calcula.

3 + 7 + 6

8 + 5 + 2

Completa usando los signos

| > | < |

36 ◯ 40	30 ◯ 40
44 ◯ 21	75 ◯ 78
25 ◯ 10	34 ◯ 46

Completa usando los signos

| = | < | > |

15 + 51 ◯ 36 + 32

27 + 42 ◯ 43 + 52

34 + 15 ◯ 56 + 23

¿Cómo se escriben los siguientes números?

40	
42	
48	
43	

Calcula.

6 + 3 =

4 + 2 =

4 + 5 =

6 + 2 =

5 + 5 =

4 + 3 =

6 + 4 =

7 + 3 =

3 + 5 =

1 + 4 =

¿Es verdadera o falsa la respuesta?
Si es falsa escribe el resultado correcto.

					Verdadero	Falso	Respuesta
2	+	5	=	7			
8	+	11	=	7			
4	+	5	=	9			
2	+	6	=	10			
4	+	2	=	6			
7	+	10	=	8			
3	+	9	=	3			

Suma en vertical. Coloca y calcula.

	D	U
+		

56 + 31

	D	U
+		

55 + 24

	D	U
+		

51 + 36

	D	U
+		

15 + 52

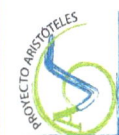

Calcula.

+	3	5	2	7	1	4	8
2							
1							
6							
4							
3							
6							
8							

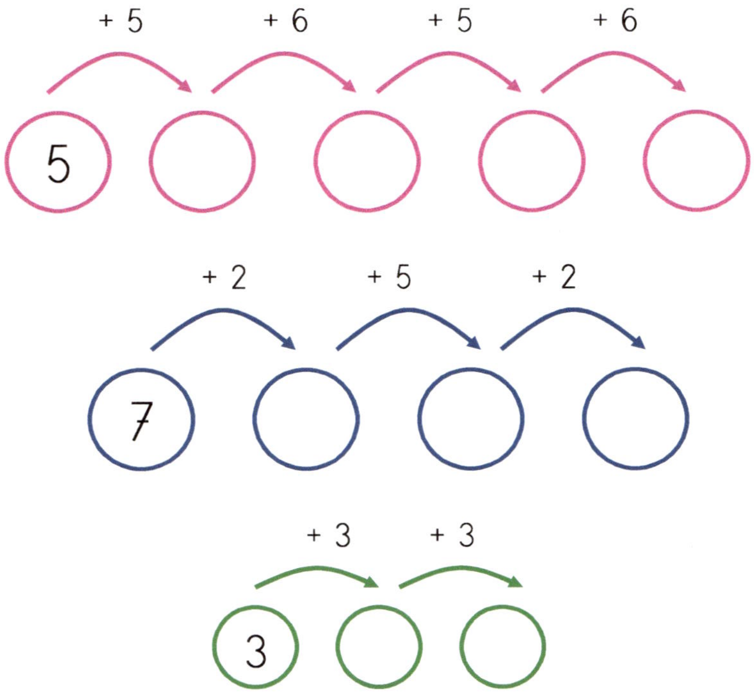

Calcula.

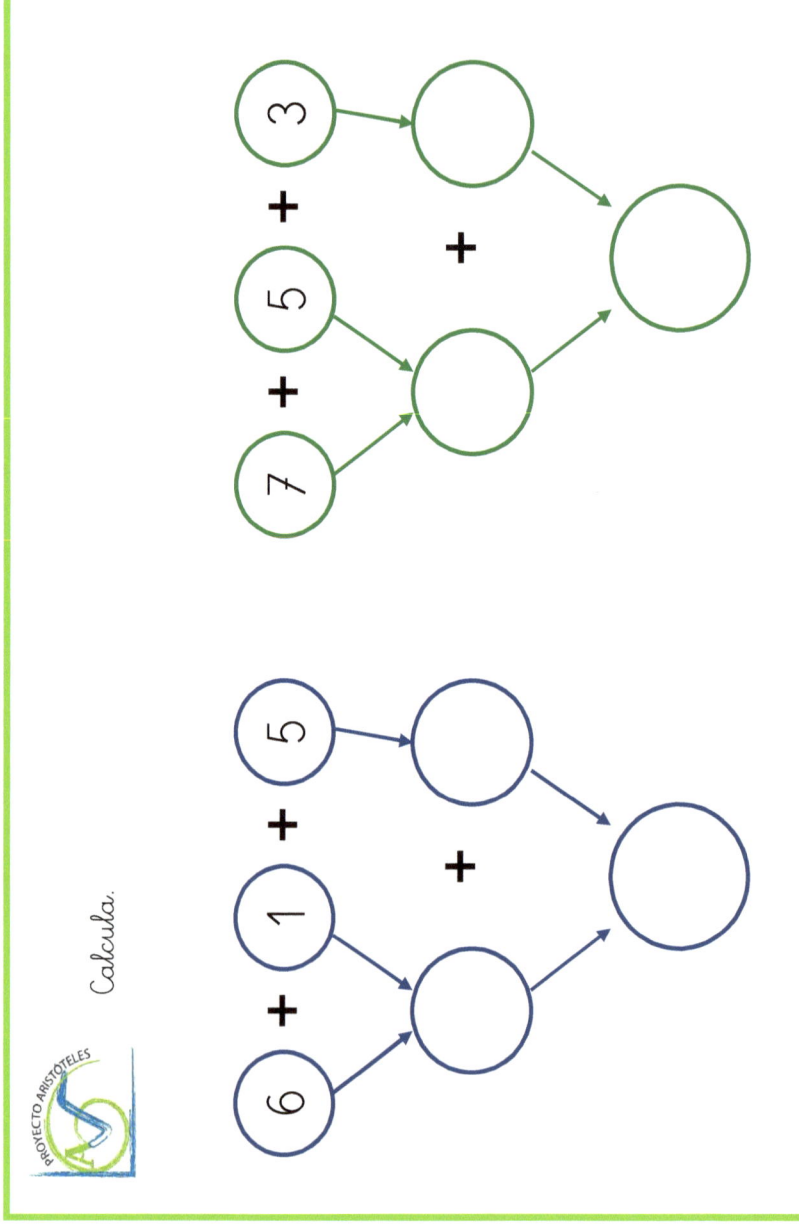

Completa usando los signos

| > | < |

41 ◯ 40
32 ◯ 45
28 ◯ 17

59 ◯ 29
15 ◯ 42
24 ◯ 38

Completa usando los signos

| > | < | = |

37 + 51 ◯ 42 + 56

64 + 23 ◯ 35 + 19

56 + 31 ◯ 39 + 40

¿Cómo se escriben los siguientes números?

56	
54	
55	
52	

Calcula.

2 + 3 =

2 + 6 =

4 + 5 =

8 + 2 =

6 + 4 =

7 + 3 =

3 + 4 =

6 + 3 =

3 + 3 =

2 + 4 =

¿Es verdadera o falsa la respuesta?
Si es falsa escribe el resultado correcto.

					Verdadero	Falso	Respuesta
2	+	5	=	9			
8	+	2	=	10			
12	+	5	=	7			
9	+	8	=	9			
5	+	3	=	9			
7	+	5	=	6			
5	+	4	=	7			

PROYECTO ARISTÓTELES

Suma en vertical. Coloca y calcula.

	D	U
+		

62 + 15

	D	U
+		

60 + 26

	D	U
+		

63 + 34

	D	U
+		

65 + 13

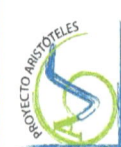

Calcula.

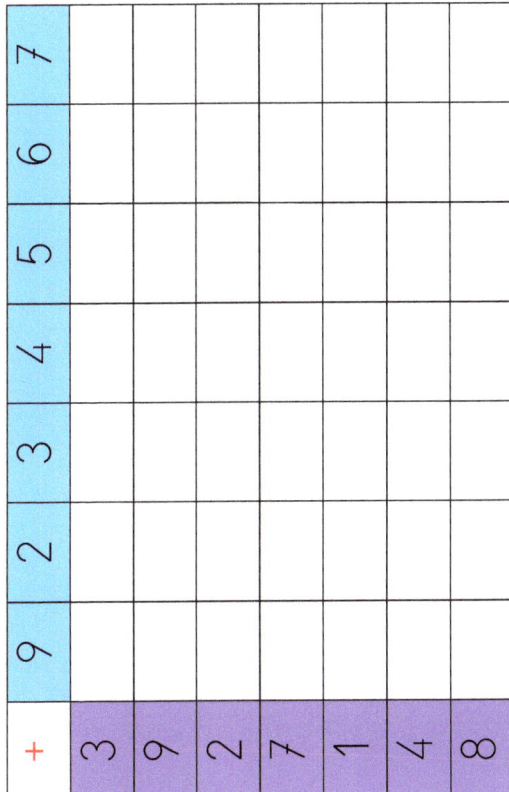

Ordena los siguientes números de mayor a menor.

22   2   6   11   7   25   16   5

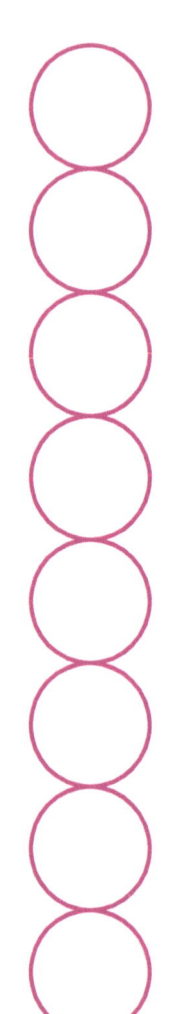

Calcula.

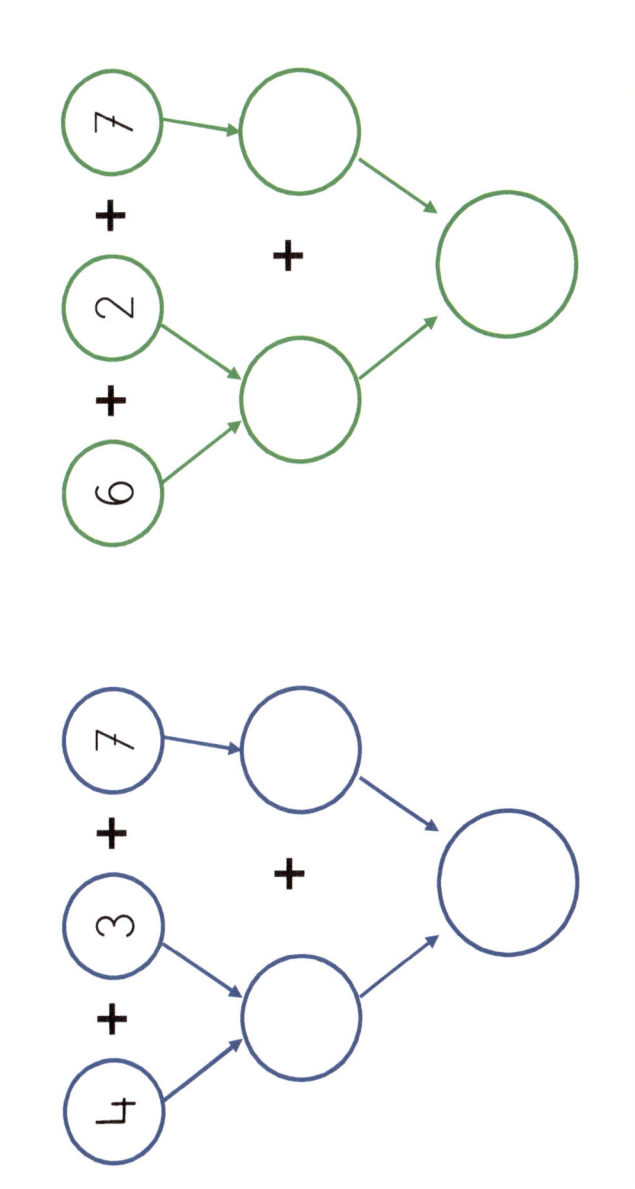

Completa usando los signos

[>]   [<]

40 ◯ 25	49 ◯ 20
39 ◯ 46	44 ◯ 35
42 ◯ 12	26 ◯ 17

Completa usando los signos

[=] [<] [>]

29 + 25	◯	58 + 41
17 + 42	◯	23 + 65
25 + 51	◯	32 + 56

¿Cómo se escriben los siguientes números?

61	_____
68	_____
64	_____
67	_____

Calcula.

4 + 6 =   2 + 8 =
2 + 5 =   3 + 4 =
4 + 2 =   5 + 4 =
3 + 5 =   3 + 3 =
9 + 1 =   1 + 4 =

¿Es verdadera o falsa la respuesta?
Si es falsa escribe el resultado correcto.

				Verdadero	Falso	Respuesta
2	+	6	=	9		
7	+	2	=	9		
4	+	3	=	7		
8	+	5	=	6		
2	+	3	=	5		
7	+	9	=	9		
6	+	4	=	7		

PROYECTO ARISTÓTELES

Suma en vertical. Coloca y calcula. (39)

	D	U
+		

	D	U
+		

	D	U
+		

	D	U
+		

74 + 13

72 + 26

71 + 16

70 + 5

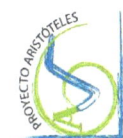

Calcula.

+	2	7	6	4	3	5	8
3							
5							
6							
7							
1							
4							
8							

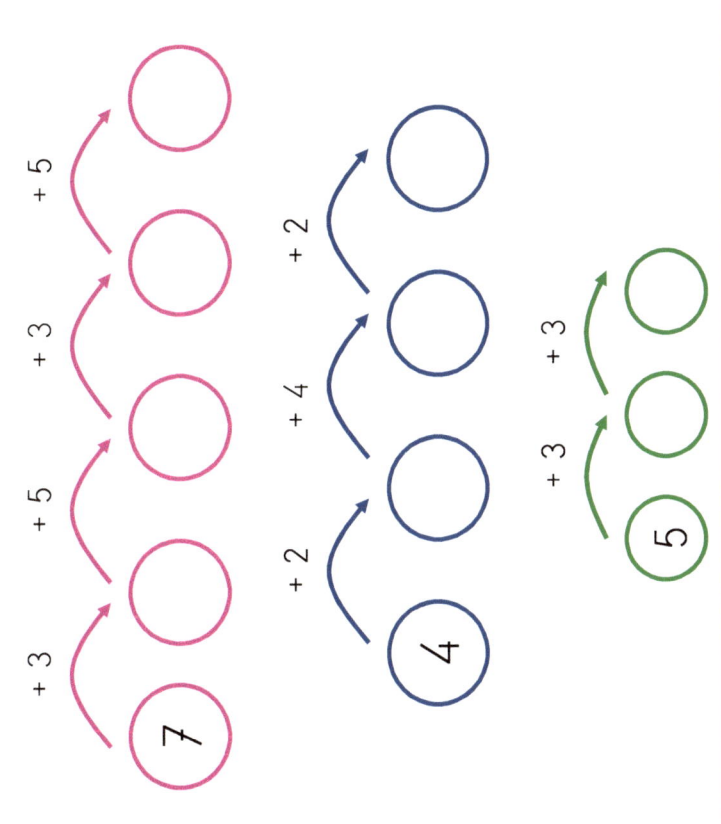

Calcula.

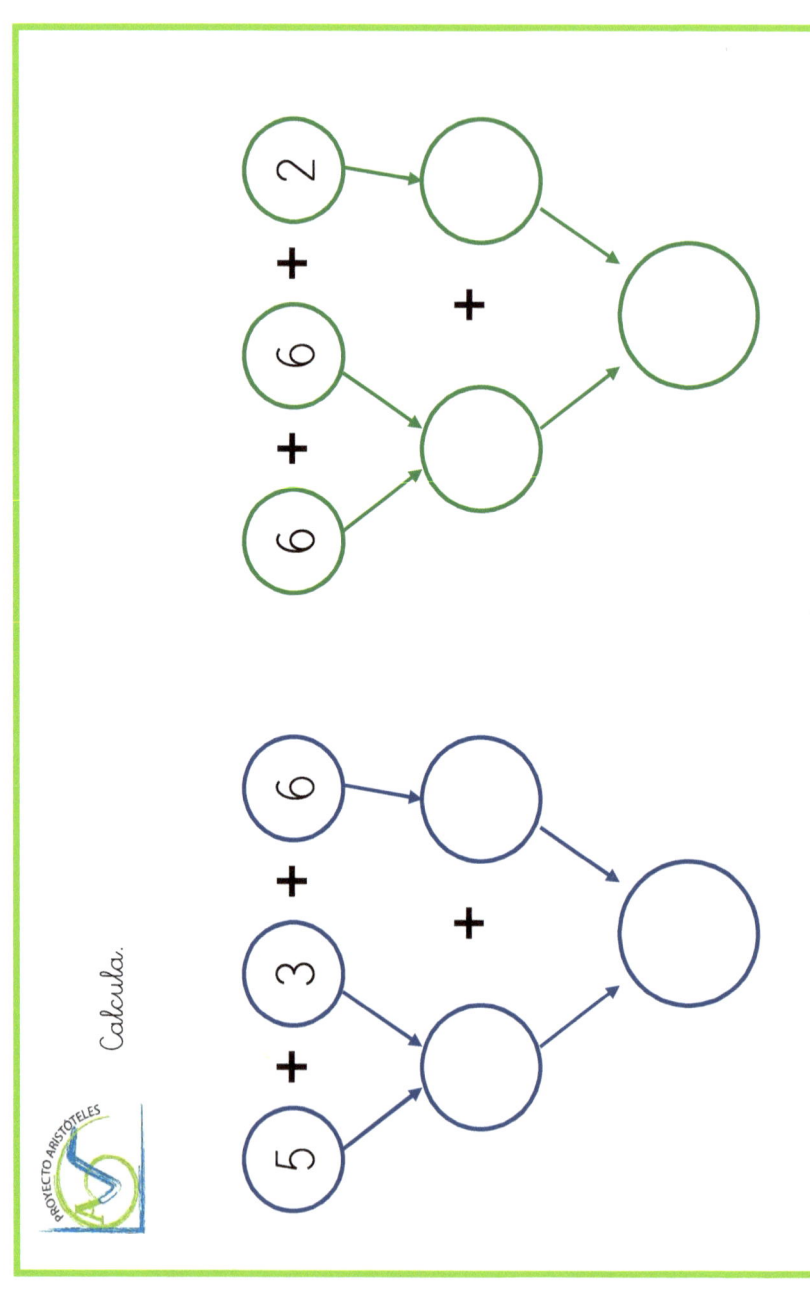

Completa usando los signos

| < | > |

| 11 ○ 30 | 17 ○ 29 | 25 ○ 36 |

| 32 ○ 25 | 45 ○ 12 | 37 ○ 48 |

Completa usando los signos

=
<
>

83 + 15 ◯ 26 + 32

25 + 20 ◯ 63 + 33

32 + 49 ◯ 24 + 54

¿Cómo se escriben los siguientes números?

72	_____
77	_____
79	_____
70	_____

PROYECTO ARISTÓTELES

Calcula.

$3+3=$

$2+2=$

$4+6=$

$6+2=$

$7+3=$

$8+2=$

$3+4=$

$5+3=$

$2+8=$

$5+4=$

¿Es verdadera o falsa la respuesta?
Si es falsa escribe el resultado correcto.

					Verdadero	Falso	Respuesta
3	+	4	=	8			
7	+	2	=	6			
9	+	5	=	7			
2	+	5	=	7			
5	+	4	=	10			
7	+	5	=	6			
5	+	4	=	7			

PROYECTO ARISTÓTELES

Suma en vertical. Coloca y calcula. (39)

	D	U
+		

	D	U
+		

	D	U
+		

	D	U
+		

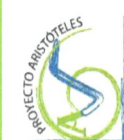

86 + 12

16 + 83

19 + 80

87 + 10

Calcula.

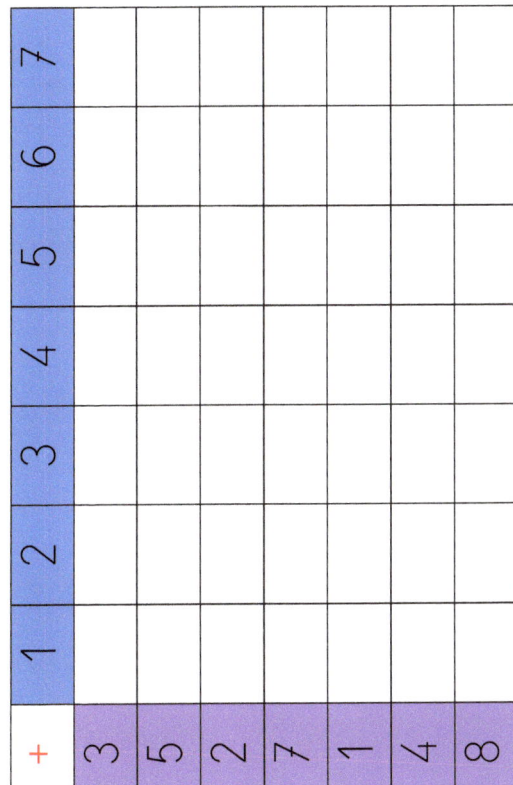

Ordena los siguientes números de mayor a menor.

28 4 7 19 3 21 10 3

Calcula.

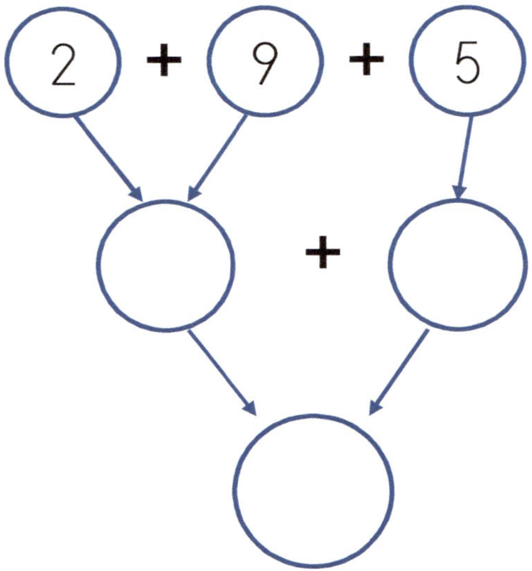

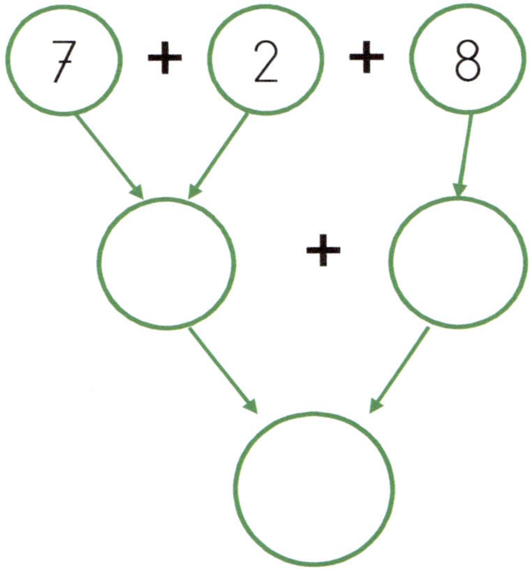

Completa usando los signos

| < | > |

| 58 ○ 53 | 44 ○ 11 | 33 ○ 42 |

| 32 ○ 45 | 76 ○ 73 | 37 ○ 40 |

www.ingramcontent.com/pod-product-compliance
Lightning Source LLC
Chambersburg PA
CBHW040810200526
45159CB00022B/141